BEI GRIN MACHT SICH IHR WISSEN BEZAHLT

- Wir veröffentlichen Ihre Hausarbeit,
  Bachelor- und Masterarbeit

- Ihr eigenes eBook und Buch -
  weltweit in allen wichtigen Shops

- Verdienen Sie an jedem Verkauf

Jetzt bei www.GRIN.com hochladen
und kostenlos publizieren

Tim Disselhoff

Wärmedämmung durch Polyurethan und Polystyrol

Was bedeutet Wärmedämmung durch chemisch hergestellte Stoffe?

GRIN Verlag

Bibliografische Information der Deutschen Nationalbibliothek:

Die Deutsche Bibliothek verzeichnet diese Publikation in der Deutschen National-
bibliografie; detaillierte bibliografische Daten sind im Internet über http://dnb.d-
nb.de/ abrufbar.

Impressum:

Copyright © 2011 GRIN Verlag GmbH
Druck und Bindung: Books on Demand GmbH, Norderstedt Germany
ISBN: 978-3-640-93838-4

Dieses Buch bei GRIN:

http://www.grin.com/de/e-book/173639/waermedaemmung-durch-polyurethan-
und-polystyrol

Wärmedämmung durch Polyurethan und Polystyrol

Was bedeutet Wärmedämmung durch chemisch hergestellte Stoffe?

Tim Disselhoff

Chemie LK

07.04.2011

Inhalt

1 Motivation und Idee

Diese Facharbeit wird sich vor allem mit dem Thema Wärmedämmung durch chemisch hergestellte Stoffe befassen. Auf das Thema Wärmedämmung bin ich gekommen, weil ein Bekannter von mir vor gut 2 Monaten, im Januar 2011, seinen Hausbau abgeschlossen hat und ich ihm dabei das ein oder andere Mal an die Hand gegangen bin. Wir kamen während der Arbeiten auch auf das Thema Dämmung zu sprechen, da ich mich wunderte, ob und wie diese dünnen Kunststoffplatten alleine das ganze Haus entsprechend isolieren können. Als dann mein Chemielehrer auch noch das Thema Wärmedämmung durch chemisch hergestellte Stoffe vorschlug, war die Idee zu dieser Facharbeit geboren.

2 Vorwort

„Was bedeutet Wärmedämmung durch chemisch hergestellte Stoffe?"- Diese Frage werde ich versuchen in dieser Facharbeit so zu beantworten, dass am Ende eine der Frage gerechte Antwort darauf gegeben werden kann. Ich werde den besonderen Fokus auf die zwei Wärmedämmstoffe Polyurethan und Polystyrol in Form von Hartschaumplatten legen, da diese die gängigsten chemisch hergestellten Wärmedämmstoffe sind. Dabei werde ich sowohl auf deren Eigenschaften, Anwendung, chemischen Aufbau und Synthese eingehen. Auch die Relevanz der Wärmedämmstoffe aus der Chemie, also die Möglichkeiten der Einsparung von Energie und somit Geld durch den Einsatz der chemischen Dämmstoffe werde ich behandeln. Am Ende dieser Facharbeit sollte die Frage: *„Was bedeutet Wärmedämmung durch chemisch hergestellte Stoffe?"* Im Hinblick auf eben diese Aspekte beantwortet sein.

3 Beginn der Wärmedämmung

Die Idee durch Wärmedämmung Energie und Kosten sparen zu können entstand erst im Laufe des letzten Jahrhunderts. Bis zum Anfang des 20.Jahrhunderts hat Wärmedämmung beim Häuserbau nur eine sehr geringe Rolle eingenommen. Das Prinzip der Wärmedämmung an sich wird vom Mensch schon seit etlichen Jahrhunderten verwendet. Bereits urzeitliche Menschen haben durch Strohbedeckungen versucht ihre Hütten vor der Kälte draußen zu schützen. Das Prinzip ist heute wie damals dasselbe: Durch bestimmte Materialien oder Bauweisen wird versucht, die hohe Dämmfähigkeit ruhender Luft oder Gase zum Wärme- bzw. Kälteschutz zu nutzen. Wärmedämmung, so wie wir sie heute kennen, entstand erst Anfang des 20.Jahrhunderts mit dem Bau von maschinellen Anlagen und neuen Maschinen. Als erster innovativer Dämmstoff wurde bereits 1880 von der Firma Grünzweig und Hartmann eine Dämmplatte aus Kork hergestellt und patentiert. 1907 kamen dann Isoliermaterialien aus expandiertem Kork hinzu. Diese sind heutzutage, vor allem aufgrund der Entwicklung von Wärmedämmstoffen in der Chemie, nur noch wenig effektiv, lieferten damals aber eine durchaus akzeptable Dämmleistung. Auch die Erfindung des Polystyrol, eher unter dem Namen „Styropor" bekannt, 1949 durch den Chemiker Fritz Stastny sollte die Wärmedämmung nachhaltig verändern. Die 1952 eingeführte „DIN 4108 Wärmeschutz im Hochbau", stellt unter anderem „Mindestanforderungen an den Wärmeschutz" (DIN 4108-2) und „Anwendungsbezogene Anforderungen an Wärmedämmstoffe - Werkmäßig hergestellte Wärmedämmstoffe" (DIN 4108-10)[1]. Dadurch wurden erste Standards für wärmeisolierende Materialien festgelegt. Nach der Öl- und Energiekrise der 70er Jahre wurde die „1. Wärmeschutzverordnung 1977" erlassen und veröffentlicht. Diese Verordnung begrenzte unter anderem die Wärmedurchlässigkeit von wärmeisolierenden Materialien[2]. Es folgten die 2. Wärmeschutzverordnung 1982 sowie die 3. Wärmeschutzverordnung 1995, die diese Begrenzungen ausweiteten und verschärften.

4 POLYURETHAN

4.1 *Polyurethan (PUR) in der Wärmedämmung*

Polyurethan, im Folgenden PUR oder PUR-Schaum, ist ein Polymerwerkstoff. Das heißt, er besteht aus verketteten Monomeren, die durch Polymerisation zu einer langen Monomer-Kette, dem Polymer, zusammengefügt worden sind(siehe Synthese von PUR).

---

[1] Vgl.: http://www.baunetzwissen.de/standardartikel/Daemmstoffe_DIN-4108-Waermeschutz-im-Hochbau_152334.html

[2] Siehe Anhang: 1. Wärmeschutzverordnung

Polyurethan wird oftmals als der Polymerwerkstoff mit den meisten Einsatzmöglichkeiten bezeichnet und kann – in Abhängigkeit von den benutzen Edukten - sowohl flexibel und weich, als auch hart und starr sein, was zu eben diesen vielfältigen Möglichkeiten der Nutzung führt. Auch die möglichen Dichten von 1000 bis 15 kg/m³ durch die Nutzung von Treibmitteln bei der Synthese von PUR unterstützen diesen Effekt. Polyurethan ist ein sehr gutes Beispiel für die Flexibilität von Kunststoffen. Durch Veränderung der Edukte können die gewünschten Produkte genau den Anforderungen angepasst werden, für die sie geschaffen werden.

Der PUR-Weichschaum wird vor allem als Polsterung in der Möbel-, Auto- und Textilindustrie verwendet. Da sich diese Facharbeit mit dem Thema Wärmedämmung befasst, werde Ich im Folgenden auf PUR als Hartschaum und Wärmeisolator eingehen.

Als Isolationsmaterialien im Bauwesen findet PUR vor allem als Hartschaum Verwendung. Dieser Hartschaum besitzt eine geringe Dichte und hohe Wärmedämmwerte. In der unten stehenden Tabelle[3] kann man die Eigenschaften von PUR-Hartschaum gegenüber anderen Isolationsmaterialien betrachten:

Material	Dichte [kg/m³]	λ – Wert[4] [W/m*K]	Dicke, um gleiche Isolation zu erreichen [mm]
PUR-Schaum (FCKW)	32	0,017	20
Polystyrol-Schaum	16	0,035	44
Steinwolle	100	0,037	46
Kork	220	0,049	61
Tannenholz	350-500	0,112	140

---

[3] Quelle: PUR-Technik – heute und morgen: Grundlagen und Anwendungen, Hrsg.: VDI, 1993, S.8

[4] Der λ-Wert ergibt sich aus der Wärmeleitfähigkeit des Materials, der Fläche und der Dicke nach der Formel: $\lambda=W/(m*K)$. Je niedriger der λ-Wert desto besser dämmt das Material.

Die Tabelle zeigt den großen Vorteil von PUR-Schaum: Um den λ-Wert - also den Wert, der die Wärmeleitfähigkeit von Materialien angibt - einer 20mm dicken PUR-Hartschaumplatte zu erreichen benötigt man knapp die Doppelte Dicke an Polystyrol-Schaum und Steinwolle. Verwendet man Kork bzw. Tannenholz so benötigt man sogar das 3-fache bzw. 7-fache der Dicke einer PUR-Schaum Hartplatte. Hierbei stechen sowohl der PUR- als auch der Polystyrol-Schaum mit ihren geringen Dichten von 32 bzw. 16 kg/m³ hervor. Im Gegensatz dazu sind Steinwolle, Kork und Tannenholz mit ihren Dichten kein Vergleich, da diese ungleich schwerer sind bei höherer Wärmeleitfähigkeit.

Zu beachten ist jedoch, dass der hier angegebene Wert von 0,017, der in der Literatur meistens als 0,20 zu finden ist, nur unter dem Einsatz von Fluorchlorkohlenwasserstoffe (FCKW) als Treibmittel bei der Synthese erreicht werden kann. Diese wurden jedoch in der Industrie, aufgrund ihrer Ozonschichtabbauenden Wirkung, Anfang der 1990er Jahre durch einen von der EU eingeleiteten Erlass schrittweise verboten. In Deutschland trat dieser Erlass am 1.1.1991 in Kraft und wurde bis Ende 1994 umgesetzt. Heutzutage wird als Treibmittel bei der Synthese Pentan benutzt.

Aber wie schafft es das Polyurethan als Hartschaum die oben genannten Isoliereffekte zu erreichen und das bei einer vergleichbar sehr geringen Dichte? Wie ich später beim Aufbau und der Synthese eines Polyurethans noch ausführlich beschreiben werde, wird bei der Synthese des Polyurethan Hartschaums ein Treibmittel (Pentan) benutzt. Dieses Treibmittel bleibt in den Schaumzellen erhalten und verstärkt so die Isolierung. Der Dämmeffekt einer PUR-Hartschaumplatte resultiert aus dem ruhenden Gas, dass in den Schaumzellen des Polyurethans eingeschlossen wird. Durch die Geschlossenheit der Schaumzelle kann das Pentan im Inneren der Zelle nur bedingt seine Temperatur ändern und diese auch nicht weitergeben. So wird der Wärmeaustausch zwischen dem Inneren eines Hauses und der Luft draußen weitgehend verhindert.

Wie oben bereits erwähnt ist PUR ein Polymer, also ein aus vielen Monomeren bestehendes Molekül, das durch eine Polyaddition synthetisiert wird(siehe: „Synthese des wärmeisolierenden Polyurethan"). Als Edukte dienen ein Isocyanat sowie ein Polyol. Die Wahl des jeweiligen Isocyanats bzw. Polyols ist entscheidend für die Eigenschaften des Polyurethan. Hierbei wird, aufgrund der einfacher anpassbaren Eigenschaften, das Polyol chemisch so angepasst, dass bei der

Synthese die gewünschten Polyurethan Eigenschaften erreicht werden. Als Isocyanat wird für den Hartschaum das Methylendiphenyldiisocyanat (MDI) verwendet.

Das Polyol für die Herstellung von PUR-Hartschaum ist ein Polyetherpolyol. Polyole werden durch ihre Anzahl an Hydroxylgruppen (kurz: OH-Zahl oder OH-Z) charakterisiert. Die Eigenschaften des Polyols sind ausschlaggebend für die Eigenschaften des PUR-Produktes: Verwendet man das falsche Polyol so entsteht statt dem gewünschten Hartschaum zum Beispiel ein Weichschaum, der nicht zur Wärmedämmung geeignet ist. Ausgangsstoffe für einen PUR-Hartschaum sind Polyole mit OH-Zahlen zwischen 210 und 450 [5]. Durch diese hohe Anzahl an OH-Gruppen ist eine gute Quervernetzung bei der Polyaddition möglich, wodurch sich eine räumliche, feste Gitterstruktur ergibt. Verwendet man Polyole mit niedrigeren OH-Zahlen so bilden diese den in diesem Fall nicht erwünschten Weichblockschaum.

Vorteile des Polyurethans sind neben der oben bereits beschriebenen sehr hohen Dämmfähigkeit auch die Resistenz gegen Fäulnis und Schimmel, die lange Lebensdauer sowie die Druckfestigkeit des Materials und die Beständigkeit gegen Lösungsmittel. Da Polyurethan jedoch erst seit kurzem im Bereich der Gebäudedämmung angewendet wird können über die Lebensdauer bisher nur verlässliche Aussagen aus den Erkenntnissen der letzten Jahre getroffen werden, wonach die Lebensdauer der Hartschaumplatten bis zu 30 Jahre beträgt. Es ist aber anzunehmen, dass die Hartschaumplatten weitaus länger benutzbar sind und sich somit eine Anwendungsdauer von bis zu 70 Jahren ergeben kann.

Der Einsatz von PUR-Hartschaum in der Wärmedämmung hat jedoch auch Nachteile, die vor allem aus ökologischer Sicht nicht außer Acht zu lassen sind. So sind zum Beispiel der Energieaufwand und die Emissionen, die pro kg PUR benötigt werden recht hoch:

Der Kumulierte Energieaufwand (KEA), also die Energie, die für die Herstellung, Nutzung und Entsorgung eines Materials benötigt wird, beträgt bei Polyurethan-Hartschaum 94 MJ/kg. Bei der Produktion werden ausserdem 2,5g Kohlenwasserstoffe und 4854g CO_2 pro Kilogramm freigesetzt und in die Luft abgegeben[6]. Zum Vergleich: Bei Polystyrol (EPS) beträgt der KEA nur 71 MJ/kg,

---

[5] Vgl: Bayer MaterialScience: http://www.pur.bayer.com/bms/pur-internet.nsf/id/03_RAW_DE_Polyole

[6] Vgl: http://www.wecobis.de/jahia/Jahia/Home/Grundstoffe/Kunststoffe_GS/Polyurethan_GS

bei Luftemissionen von 12g Kohlenwasserstoffe und 3836g CO_2 pro Kilogramm[7]. Gerade die CO_2 Emissionen bei der Herstellung von Polyurethan sind also bedenklich. Für jedes Kilogramm Polyurethan das man herstellt werden knapp 5 Kilogramm CO_2 in die Luft abgegeben.

Neben dem hohen Energieaufwand und den hohen Luftemissionen ist auch das Verhalten der Platten bei einem Brand zu beachten: Obwohl es als „schwerentflammbar" eingestuft wird und es bei einem Brand nicht schmilzt und so einen Ausbau des Brandes nicht fördert, wird bei einem Brand starker Rauch entwickelt, der stark gesundheitsschädlich sein kann.

Aber wie effektiv ist Wärmedämmung durch Polyurethan? Lässt sich durch den Einsatz von Polyurethan-Hartschaum wirklich Energie und somit auch bares Geld sparen?

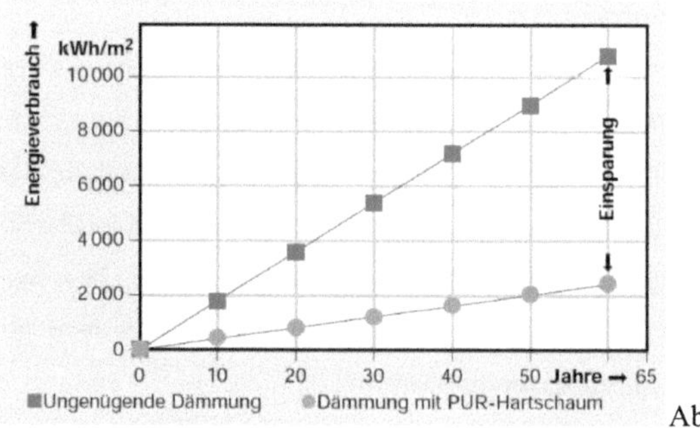

Abb.21[8]

Wie in der Abbildung zu sehen ist gerade auf lange Sicht gesehen die Einsparung enorm: Bereits nach 10 Jahren spart man mehr als die Hälfte des Energieverbrauchs durch Dämmung mit PUR-Hartschaum ein und nach 50 Jahren beträgt die Einsparung ca. 78%. Zu beachten ist hierbei, dass es sich bei den Werten um Daten handelt, die bei der Dämmung von Dächern erzielt werden. Die Einsparung beträgt also nach 50 Jahren knapp 7000kWh pro gedämmtem m² Dach.

Aber auch kurzfristig lassen sich bereits deutliche Einsparungen erkennen: Laut dem „Industrieverband Polyurethan-Hartschaum e.V." (IVPU) werden in einem Jahr durch ungenügende Dämmung 179 kWh/m² verbraucht. Dämmt man jedoch mit Polyurethan-Hartschaum so kommt man nur auf 119kWh/m² wobei der

---

[7] Vgl.: http://www.wecobis.de/jahia/Jahia/Home/Grundstoffe/Kunststoffe_GS/Polystyrol_GS

[8] Vgl.: Abbildungsverzeichnis

Energieaufwand, der zur Produktion eines m² Polyurethan-Hartschaum nötig ist mit 80kWh/m² bereits in diesen Wert mit eingeflossen sind. Heißt also, dass man bereits nach einem Jahr Dämmung mit Polyurethan-Hartschaum inklusive der für die Produktion nötigen Energie weniger Energie verbraucht, als durch eine ungenügende Dämmung.

4.2 Chemische Synthese von Polyurethan

Habe ich in der Rubrik „Polyurethan – Was ist Polyurethan und warum ist es geeignet für die Wärmedämmung" die allgemeinen Vor- und Nachteile von Polyurethan in der Wärmedämmung behandelt so möchte ich nun auf die Chemischen Eigenschaften des Polyurethan eingehen.

4.2.1 Aufbau eines Polyurethan

Abb.1[8]

Wie bereits erwähnt und am Namen erkennbar ist ein *Poly*urethan ein Polymer, also ein aus mehreren Monomeren zusammengesetztes Molekül. Das Polyurethan wird durch eine Polyaddition (genauer: Diisocyanat-Polyaddition) aus einem Polyol und einem Isocyanat synthetisiert. Die in Abb.1 gezeigte Verbindung ist dabei die charakterisierende Urethan-Bindung, die bei der Polyaddition entsteht. Diese Verbindung wird als Carbamidsäuregruppe (-O-CO-NH-) bezeichnet.

4.2.2 Benötigte Edukte und deren Synthese

Für Polyurethan-Hartschaumplatten werden Polyetherpolyole als Polyol für die Synthese verwendet[9]. Ein Polyetherpolyol für die Hartschaum-Produktion wird durch die Umsetzung von mehrwertigen Alkoholen wie zum Beispiel Glyzerin mit Propylenoxid gewonnen:

---

[9] Vgl.: http://www.pur.bayer.com/bms/pur-internet.nsf/id/03_RAW_DE_Polyole

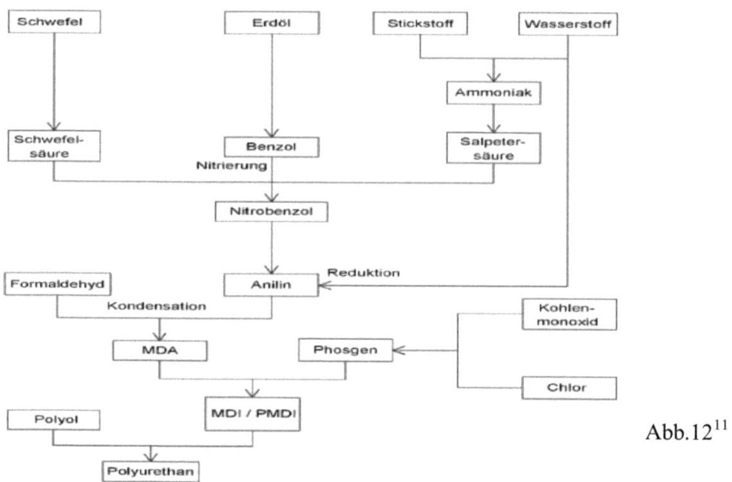

Abb.11[10]

Anhand von Abbildung 11 wird schnell klar, warum gerade das Polyol einfacher den Bedingungen anpassbar ist, für die es benötigt wird: Die Verzweigung des Polyethers wird mit m+p+q+3=n angegeben, wobei n für die Anzahl an Propylenoxid-Molekülen und m, p und q für die jeweilige Verzweigung steht. Je nachdem wie man also die Menge des Propylen variiert kann man dementsprechend einen anderen Polyether synthetisieren. Oder andersherum: Um einen bestimmten Polyether zu gewinnen muss man dementsprechend nur die Menge an Propylen anpassen.

Als Isocyanat wird meistens das auf MDI (Diphenylmethandiisocyanat) basierende 4,4'-Diisocyanato-diphenylmethan verwendet.

Abb.12[11]

Der Weg zu einem MDI ist lang, wie in Abbildung 12 erkennbar und würde den Rahmen dieser Facharbeit weit übersteigen. Daher möchte ich auf die Reaktionen, die zum MDI führen, nicht weiter eingehen, da auch die Abdeckung durch Quellen

---

[10] Vgl.: Herstellung von Polyurethan(PUR)-Hartschaumstoff, Dr. Manfred Kapps & Siegfried Buschkamp, Bayer MaterialScience, 2004, S.5 (siehe Quellen)

[11] Vgl.: Abbildungsverzeichnis

nur geringfügig bzw. oberflächlich gegeben war. Grundstoffe für die Gewinnung von MDI sind Diaminodiphenylmethan (MDA) und Phosgen.

4.2.3 Reaktionsmechanismus der Synthese von Polyurethan

Grob kann man den die Reaktion des Isocyanats mit dem Polyol wie folgt beschreiben: Die beiden Monomere verbinden sich an ihren Endgruppen wobei bei dem Prozess der Addition gleichzeitig auch eine Umlagerung der Atome stattfindet:

Abb.2[12]

Die OH-Gruppe des Polyol geht eine Bindung mit der NCO-Gruppe des Isocyanats ein (Brutto-Reaktion)

An der Abbildung 2 kann man erkennen, was mit den beiden Endgruppen (OH und NCO) während der Synthese passiert. Das Wasserstoff-Atom des Polyol bindet sich mit dem Stickstoff-Atom des Isocyanats und das überbleibende Sauerstoff-Atom vom Polyol geht eine Bindung mit dem Kohlenstoff-Atom vom Isocyanat ein. Der übrig gebliebene „Rest" vom Polyol bindet sich nun an das Sauerstoff-Atom am Ende des Isocyanats. Kurz: Das Polyol „addiert" sich an das Isocyanat. Diese Addition läuft so ab, dass als Produkt ein Molekül entsteht, dass an beiden Enden wieder OH-Gruppen entstehen, die daraufhin wieder Bindungen mit weiteren Isocyanaten eingehen können. Dies passiert solange, bis kein Isocyanat bzw. Polyol mehr vorhanden ist. Da die Synthese also eine Folge von vielen Additionen ist, wird der Reaktionsmechanismus als Polyaddition bezeichnet.

Folgend werde ich nun den Reaktionsmechanismus in einzelnen Zwischenschritten darstellen. Im Hinblick auf die Übersichtlichkeit des Mechanismus und der Formeln, werde ich diesen am Beispiel von Ethylenglykol (Polyol) und Diphenylmethan-4, 4-diisocyanat (Isocyanat) erläutern:

---

[12] Vgl.: Abbildungsverzeichnis

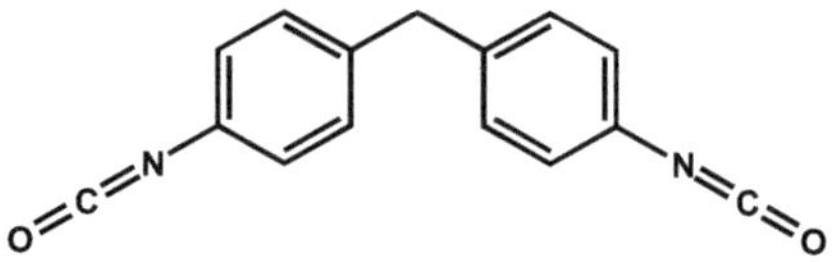

Strukturformel des Diphenylmethan-4, 4-diisocyanat Abb.3 [13]

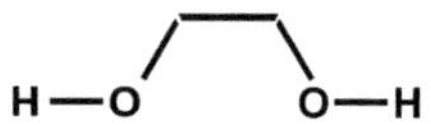

Strukturformel des Ethylenglykol Abb.4[13]

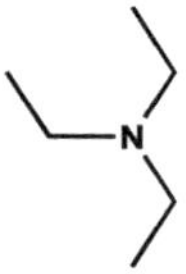

Abb. 5 [13]
Strukturformel des DABCO

Um die Reaktion einleiten zu können benötigt man in der Chemie bekanntermaßen Katalysatoren. Bei der Synthese von Polyurethan dient dazu das 1,4-Diazabicyclo[2.2.2]octan (DABCO), das ein Nucleophil, also ein von positiv polarisierten Atomen angezogenes Teilchen, ist.

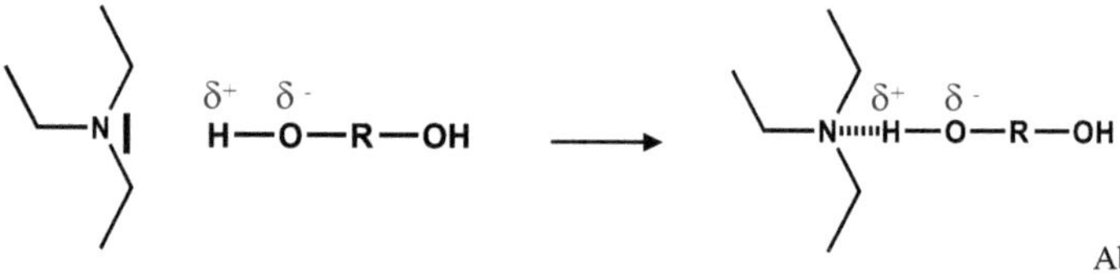

Abb.6 [13]

Das freie Elektronenpaar des Katalysators wird vom positiv polarisierten Wasserstoff-Atom des Polyol angezogen, wodurch sich eine Wasserstoffbrückenbindung zwischen dem Stickstoff-Atom des DABCO und dem Wasserstoff-Atom des Ethylenglykol bildet. Die dadurch gestiegene Polarisierung des Wasserstoff-Atoms bzw. Sauerstoff-Atoms sorgt für eine höhere Bereitschaft für weitere Reaktionen.

---

[13] Vgl.: Abbildungsverzeichnis -> Abbildungen Reaktionsmechanismus

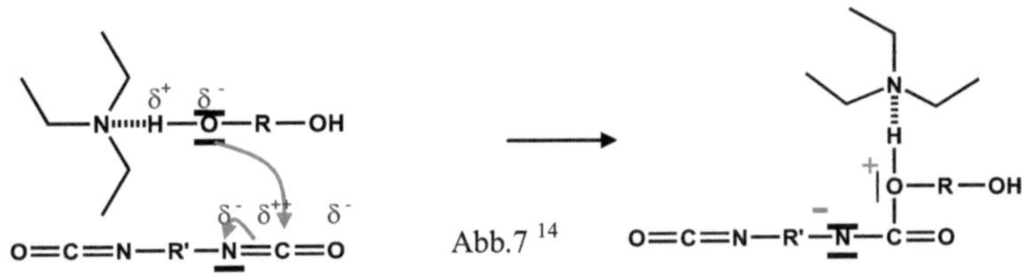

Abb.7 [14]

Durch die gesteigerte Reaktivität des Sauerstoff-Atoms gibt dieses nun bereitwilliger
seine Elektronen an ein elektrophiles[15] Atom ab. Solch ein Elektrophil findet sich im
Diphenylmethan-4, 4-diisocyanat in Form des Kohlenstoff-Atoms. Dieses ist von je
einem negativ polarisiertem Stickstoff- und Sauerstoff-Atom umgeben, wodurch das
Kohlenstoff-Atom stark positiv polarisiert ist. Das Sauerstoff-Atom des Polyols geht
nun eine Bindung mit dem Kohlenstoff-Atom des Isocyanats ein, wobei sich die
Dopelbindung zwischen dem Stickstoff- und Kohlenstoff-Atom auflöst, und das
Stickstoff-Atom nun zwei freie Elektronenpaare aufweist. Wie in Abbildung 7
erkennbar ist das Stickstoff-Atom nun 1-fach negativ geladen, da es ein Elektron zu
viel hat und das Sauerstoff-Atom zeigt eine 1-fach positive Ladung, da ihm ein
Elektron fehlt.

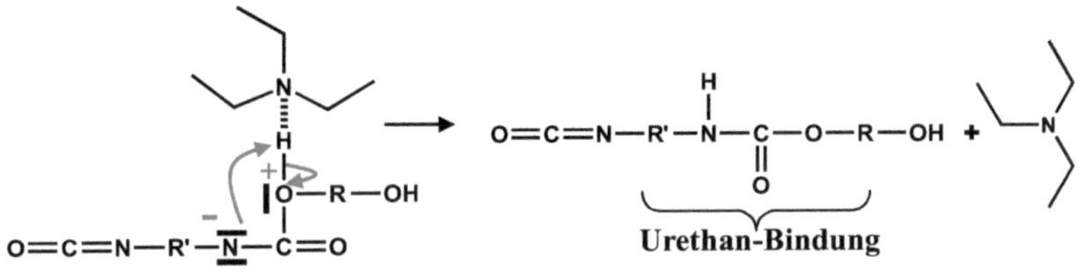

Urethan-Bindung

Abb.8 [16]

Im letzten Reaktionsschritt bindet sich das Stickstoff-Atom nun an das Wasserstoff-
Atom, um so das überschüssige Elektron und die damit verbundene negative Ladung
abzugeben. Dadurch hat auch das zuvor positiv geladene Sauerstoff-Atom wieder ein
Elektron mehr zur Verfügung, wodurch auch dessen positive Ladung aufgelöst wird.

---

[14] Vgl.: Abbildungsverzeichnis -> Abbildungen Reaktionsmechanismus

[15] Elektrophil: „Elektrophil bedeutet [...] "Elektronen liebend" und bezeichnet so die Eigenschaft, dass
diese Verbindungen ein Elektronendefizit aufweisen" Vgl.:
http://www.chemgapedia.de/vsengine/popup/vsc/de/glossar/e/el/elektrophil.glos.html

[16] Vgl.: Abbildungsverzeichnis -> Abbildungen Reaktionsmechanismus

Die Wasserstoffbrückenbindung zwischen dem Katalysator DABCO und dem Wasserstoff-Atom hat ebenfalls kein Bestand mehr, da die Wechselwirkung zwischen dem Wasserstoff- und Stickstoff-Atom nun nichtmehr gegeben ist. Abbildung 8 zeigt, dass die charakteristische Urethan-Bindung entstanden ist und der Katalysator am Ende wieder abgegeben wird. Ebenfalls kann man erkennen, dass das entstandene Polymer an einem Ende eine OH-Gruppe und am anderen Ende eine NCO-Gruppe aufweist. Dies sorgt dafür, dass sich der Katalysator wieder eine Wasserstoffbrückenbindung mit der dem Wasserstoff der OH-Gruppe eingehen kann, und sich weitere Isocyanate und Polyole anlagern können, sodass eine lange Polymerkette entsteht.

Um zur Hartschaumplatte zu gelangen muss man nun noch die Quervernetzung der Polymerketten betrachten:

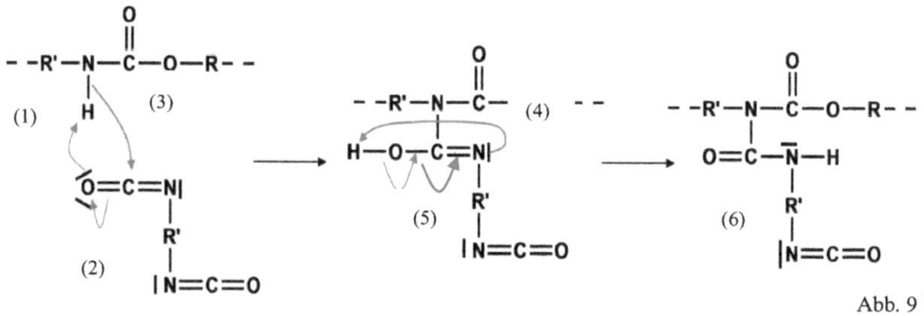

Abb. 9 [17]

Um zu einer Quervernetzung zu gelangen bindet sich eines der freien Elektronenpaare des negativ polarisierten Sauerstoff-Atoms von einem Isocyanat-Molekül an das Wasserstoff-Atom der bereits vorhandenen Polyurethan-Kette (1). Da dem Sauerstoff-Atom nun ein Elektron fehlt, welches die Bindung mit dem Wasserstoff-Atom eingegangen ist, ist es jetzt positiv geladen und zieht ein Elektron aus der Doppelbindung mit dem Kohlenstoff-Atom an (2). Jetzt ist das Kohlenstoff-Atom positiv geladen, da auch dort jetzt ein Elektron fehlt. Das Stickstoff-Atom, an dem in (1) das Wasserstoff-Atom abgespalten wurde ist negativ geladen, da dort ein Elektron zu viel vorhanden ist. Diese beiden Atome ziehen sich gegenseitig an und verbinden sich, wodurch sie ihre Ladungen ausgleichen und in einen stabilen Zustand übergehen. Einen noch stabileren Zustand anstrebend zieht das negativ polarisierte Stickstoff-Atom (4) mit seinem freien Elektronenpaar das positiv polarisierte Wasserstoff-Atom an und bindet dieses. Nun folgen nurnoch

---

[17] Vgl.: Abbildungsverzeichnis -> Abbildungen Reaktionsmechanismus

Elektronenverschiebungen: Das nun negativ geladene Sauerstoff-Atom gibt ein Elektron an das Kohlenstoff-Atom ab (5), welches wiederrum ein Elektron an das Stickstoff-Atom abgibt, da dieses durch die Bindung zum Wasserstoff-Teilchen positiv aufgeladen wurde. Durch das nun wieder zur Verfügung stehende Elektron hat das Stickstoff-Atom wieder eine in sich neutrale Ladung und ist stabil (6). Der Vorgang der Quervernetzung ist abgeschlossen.

Natürlich passiert diese Vernetzung nicht nur zwischen einer Polymerkette und einem Isocyanat, sondern wie bei der Polyaddition findet dieser Vorgang solange statt, bis keine Edukte mehr für die Quervernetzung vorhanden sind.

4.2.4 Aufschäumen

Für das Aufschäumen von Polyurethan gibt es zwei verschiedene Möglichkeiten: Das chemische und das physikalische Verfahren. Beim physikalischen Aufschäumen wird dem Reaktionsgemisch, also den Ausgangsstoffen, ein Treibmittel (Pentan) zugesetzt, das bereits bei niedrigen Temperaturen siedet und so durch die bei der Reaktion entstehende Wärme verdampft. Bei der Quervernetzung während der Reaktion wird dieses Gas nun in den entstandenen Zellen eingeschlossen, schäumt diese auf und sorgt dort für die geringe Wärmeleitfähigkeit von Polyurethan-Hartschaumplatten. Als Treibmittel wird n-Pentan verwendet, welches zwar eine höhere Wärmeleitfähigkeit als cyclo-Pentan aufweist und sich schlechter in dem Reaktionsgemisch löst, jedoch sehr kostengünstig ist und nicht wie das cyclo-Pentan den entstandenen Hartschaum wieder aufweicht[18].

Möchte man das Polyurethan chemisch Aufschäumen so gibt man dem Reaktionsgemisch etwas Wasser hinzu. Bei der Reaktion von Wasser mit Isocyanat wird CO_2 frei, welches dann als Treibmittel dient und wie das Pentan beim aufschäumen hilft. Chemisch lässt sich diese Reaktion des Wassers mit dem Isocyanat wie folgt darstellen:

---

[18] Vgl.: Herstellung von Polyurethan(PUR)-Hartschaumstoff, Dr. Manfred Kapps & Siegfried Buschkamp, Bayer MaterialScience, 2004, S.7 (siehe Quellen)

$$R'-N=C=O \ + \ H_2O \ \longrightarrow \ R'-\underset{\underset{H}{|}}{N}-C\underset{OH}{\overset{O}{\nwarrow\!\!\!\!/}} \ \longrightarrow \ R-NH_2 \ + \ CO_2\uparrow$$

Abb. 10[19]

Das positiv polarisierte Wasserstoff-Atom des Wassers [20] bindet sich an das negativ polarisierte Stickstoff-Atom (siehe oben) des Isocyanats unter Auflösung der Doppelbindung zu dem Kohlenstoff-Atom. Dieses Kohlenstoff-Atom ist nun positiv geladen und geht eine Bindung mit dem OH⁻ des Wassers ein. Im letzten Schritt spaltet sich dann das CO_2 vom Stickstoff-Atom ab, nachdem sich zuvor das H-Atom der angelagerten OH-Gruppe aufgrund der bereits beschriebenen Polarität der Atome an das Stickstoff-Atom angelagert hat.

5 POLYSTYROL

5.1 Polystyrol in der Wärmedämmung

Polystyrol ist, ähnlich wie das Polyurethan, ein Polymer und besteht aus mehreren verketteten Monomeren. Man gewinnt es durch eine Polymerisation des Ausgangsstoffes Styrol.

Neben dem Polyurethan ist auch das Polystyrol ein heutzutage gerne in der Wärmedämmung benutztes Material und findet als Hartschaumplatte seinen Einsatz bei der Gebäudedämmung. Andere Einsatzgebiete für Polystyrol sind zum Beispiel die Verpackungsindustrie, wo das Polystyrol zum Beispiel als Lebensmittelverpackung oder als Stoßschutzverpackung in Form von Styropor genutzt wird. Auch die heute - vor allem bei der jüngeren Generation- vielleicht eher unbekannten Kassetten-Hüllen sind aus Polystyrol.

Man unterscheidet bei der Dämmung durch Polystyrol zwischen zwei Arten von Polystyrol, dem expandierten Polystyrol (EPS (=>Styropor)) und dem extrudierten Polystyrol (XPS). In Form von Hartschaumplatten ist zwischen EPS und XPS schon allein ein optischer Unterschied ausmachbar: Während EPS meistens weiß ist haben XPS-Platten Pastellfarben wie grün, hellgelb, hellblau oder ähnliche. Doch EPS und XPS unterscheiden sich auch in Ihrer Struktur: Bei der Synthese von

---

[19] Vgl.: Abbildungsverzeichnis->Abbildungen Reaktionsmechanismus

[20] $H_2O = H^+ + OH^-$

XPS entstehen geschlossene Zellen, die kein Wasser aufnehmen und auch bei höheren Druckbelastungen stabil bleiben. EPS hingegen besteht aus vielen kleinen Perlen, die während der Herstellung unter Hitze zusammengeschweißt werden und somit keine geschlossenen Zellen wie das XPS aufweisen. Auch hält das expandierte Polystyrol nur bedingt Druckbelastungen stand.

Das extrudierte Polystyrol wurde bereits in den 40er Jahren in den Vereinigten Staaten entwickelt und wird seit den 50er Jahren wegen seiner guten Wärmedämmeigenschaften als Dämmmaterial in der Bauindustrie genutzt.

Sowohl das expandierte als auch das extrudierte Polystyrol weisen eine sehr geringe Wärmeleitfähigkeit λ von 0,020-0,040 W/mK auf. Jedoch ist ist besonders die sehr niedrige Dichte des XPS von 0,32-0,40kg/m³ bemerkenswert[21]. Da scheint eine Dichte von 15-30kg/m³ beim EPS[22] sehr hoch, jedoch ist auch diese sehr viel niedriger –bei besserer Wärmedämmfähigkeit- als bei früheren Wärmedämmstoffen wie zum Beispiel Kork (siehe Tabelle Y Seite X).

Auch die Emissionen, die bei der Herstellung von Polystyrol an die Luft abgegeben werden sind mit 12g Kohlenwasserstoffen und 3836 CO_2 pro Kilogramm Polystyrol geringer als beim PUR[23].

Im Gegensatz zu EPS, das aus Polystyrolgranulat unter Einsatz von Pentan als Treibmittel in 3 Stufen „aufgebläht" wird (siehe Aufschäumen von EPS), stellt man XPS her, indem man das Polystyrol schmilzt und unter der Zugabe von CO_2 als Treibmittel durch eine Breitschlitzdüse zu einem Schaumstoffstrang mit Dicken von 20-200mm aufzieht(siehe Synthese von XPS)[24].

Wie beim Polyurethan wird auch beim Polystyrol die Wärmedämmung nach dem Prinzip der geringen Wärmeleitfähigkeit von ruhenden Gasen erzielt. Zur Verstärkung dieses Effekts werden in beiden Fällen wie oben beschrieben Treibmittel wie Pentan bzw. CO_2 verwendet.

Vorteile des Einsatzes von Polystyrol-Hartplatten sind neben der hohen

---

[21] Vgl.: http://www.baunetzwissen.de/standardartikel/Daemmstoffe_Extrudiertes-Polystyrol-XPS-_152204.html

[22] Vgl.: http://www.baunetzwissen.de/standardartikel/Daemmstoffe_Expandiertes-Polystyrol-EPS-_152198.html

[23] Vgl.: Emissionen bei der Herstellung von Polyurethan

[24] Vgl.: http://www.waermedaemmstoffe.com/htm/polystyrol.htm

Wärmedämmung der Platten die hohe Resistenz gegen Feuchte und die lange
Lebensdauer, sowie die einfache Anwendung der Platten und die niedrigen CO_2
Emissionen.

Da Polystyrol jedoch aus dem Erdöl-Raffinerieprodukt Styrol gewonnen wird kann
die Herstellung durch Emissionen, die durch die Herstellung von Styrol an die
Umwelt abgegeben werden umweltschädlich sein. Auch sind die Polystyrolplatten
nicht UV-beständig, sodass die Oberfläche unter Sonneneinstrahlung porös wird und
sich gelblich verfärbt. Ein weiterer Nachteil ist die Qualmbildung im Falle eines
Brandes: So werden, wie bei dem Polyurethan, bei einem Brand stark toxische
Gefahrstoffe frei, die gesundheitsschädlich sind.

5.2 Chemische Synthese von Polystyrol

5.2.1 Aufbau eines Polystyrol

Wie schon beim Polyurethan gibt auch beim Polystyrol bereits der Name Aufschluss
über den Aufbau des Moleküls. Ein Polystyrol ist eine Verkettung von mehreren
Styrol-Molekülen:

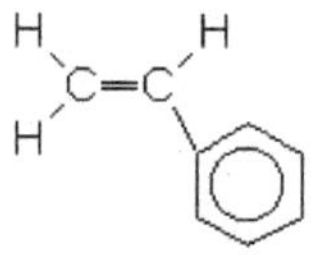

Abb. 13 [25]

Strukturformel eines Styrol

Abb.14 [25]

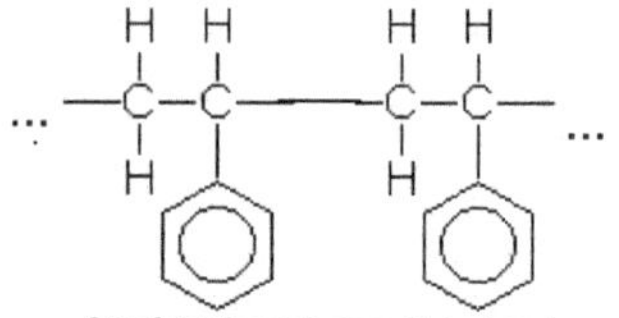

Strukturformel eines Polystyrol

Das Styrol besteht aus einem Benzolring, der mit einem Vinylrest, bestehend aus
einer 2-gliedrigen Kohlenstoff-Kette mit Doppelbindung, verbunden ist. Auch beim
Polystyrol ist der Benzolring an ein Kohlenstoff-Atom gebunden. Die
Doppelbindung zwischen den beiden Kohlenstoff-Atomen ist durch die
Polymerisation jedoch aufgehoben worden, da die Elektronen zur Bindung an das
nächste Styrol-Molekül gebraucht wurden.

5.2.2 Benötigte Edukte und deren Synthese

Als einziges relevantes Edukt, das sich auch im Produkt wiederfindet dient bei der
Herstellung von Polystyrol nur das Styrol. Styrol wird durch eine katalytische

---

[25] Vgl.: Abbildungsverzeichnis

Dehydrierung aus Ethylbenzol gewonnen. Bei der katalytischen Dehydrierung gibt es 2 Verfahren: Die adiabatische Dehydrierung und die isotherme Dehydrierung. Da mehr als 75% der Styrolgewinnung durch die adiabatische Dehydrierung erfolgt werde ich im Folgenden auf diese Art der Dehydrierung eingehen:

Die Gewinnung des Styrols erfolgt in sogenannten „Festbetthordenreaktoren"[26] in 2 bis 3 Stufen, um die Ausbeute zu erhöhen. Dadurch erhöht sich die Ausbeute von 35% nach nur einem Reaktor auf ca. 65% nachdem alle 3 Reaktoren durchlaufen sind. Bevor das Ethylbenzol in die Dehydrier-Anlage geschickt wird mischt man es mit Wasserdampf. In der Anlage wird dieses Gemisch dann mithilfe eines Wärmeaustauschers und zusätzlich eingeleitetem, bereits vorerhitztem Wasserdampf auf die Reaktionstemperatur von ca. 640°C erhitzt, wobei das Verhältnis von Wasserdampf zu Ethylbenzol ca. 3:1 beträgt. In dem Reaktor selbst wird es bei der Polymerisation auf ca. 580°C abgekühlt und muss vor dem Eintritt in den nächsten Reaktor wieder mithilfe eines Wärmeaustauschers und erhitztem Wasserdampf auf 640°C erhitzt werden. Nachdem das Reaktionsgemisch alle Reaktoren durchlaufen hat sind bis zu 65% des Ethylbenzols zu Styrol umgesetzt worden. Nicht umgesetztes Ethylbenzol wird zurückgeführt und wieder von neuem in die Anlage eingespeist. Die Reaktion im Inneren der Reaktoren kann mit folgender Brutto-Gleichung beschrieben werden:

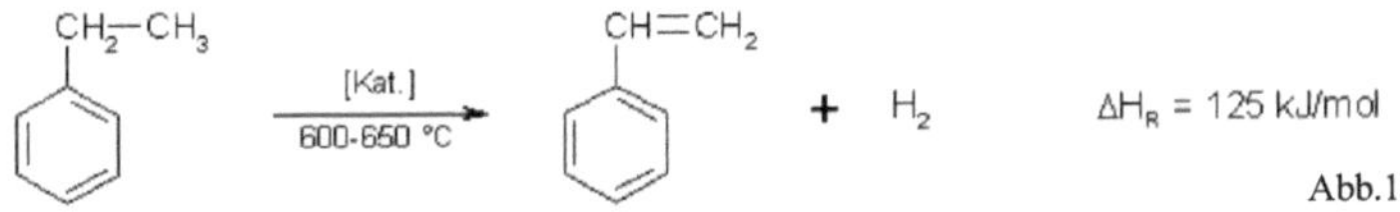

Abb.15[27]

Der Ablauf von eventuellen Nebenreaktionen, bei denen ungewünschte Nebenprodukte entstehen wird zum einen durch das oben genannte verdünnen des Ethylbenzols mit Wasserdampf verhindert, wodurch sich der Partialdruck im Ethylbenzol verringert und die Bildung von Nebenprodukten unterdrückt wird. Auch ein verminderter Druck von 0,1-0,5bar sorgt dafür, dass die Reaktion nach dem

---

[26] „Hordenreaktoren werden für Reaktionen eingesetzt, bei denen aus kinetischen Gründen die Reaktionstemperatur begrenzt werden muss, z.B. wegen verstärkt einsetzender Neben- oder Rückreaktionen."

Vgl: (http://www.chemgapedia.de/vsengine/popup/vsc/de/glossar/h/ho/hordenreaktor.glos.html)

[27] Vgl.: Abbildungsverzeichnis

Prinzip von LeChatelier[28] in Richtung des Produktes verschoben wird. Als Katalysator in diesem Prozess dient Eisenoxid mit Zusätzen von Cr_2O_3 und KOH, welches den Prozess anregt und beschleunigt. Wie Abbildung 15 zeigt wird das Ethylbenzol in den Reaktoren zu Styrol unter Freisetzung von Wasserstoff umgesetzt.

Um die Polymerisation von Styrol in Gang zu setzen wird auch noch ein Radikalbildner oder „Initiator" benötigt. Dazu dient in diesem Fall Dibenzoylperoxid, das aus Benzoylchlorid und einem Peroxid wie zum Beispiel Natriumperoxid hergestellt wird.

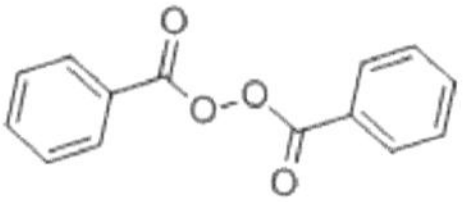

Abb. 16[29]

Strukturformel von Dibenzoylperoxid

5.2.3 Reaktionsmechanismus

Die Polymerisation von Styrol ist eine radikalische Polymerisation und lässt sich als solche in 3 Teilreaktionen aufteilen: Eine Startreaktion, Kettenreaktionen und eine Abbruchreaktion. In allen Teilreaktionen treten Radikale als Reaktionspartner auf, woraus auch der Name „radikalische Polymerisation" resultiert.

Startreaktion:

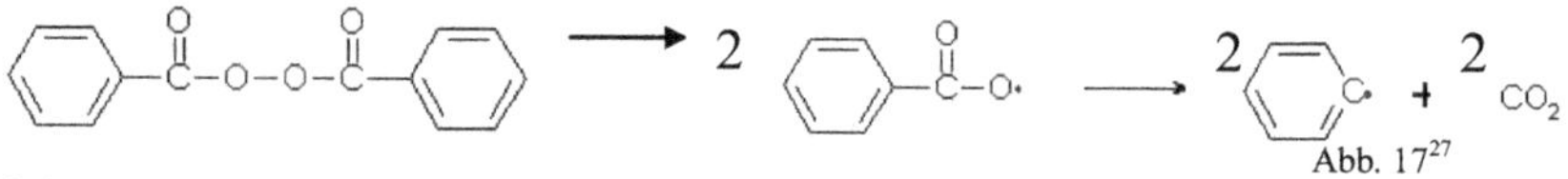

Abb. 17[27]

Bei der Startreaktion zerfällt der Initiator, das Dibenzoylperoxid, durch das Erwärmen in zwei Benzoyl-Radikale, die wiederum durch Abgabe von CO_2 zu je einem Phenyl-Radikal reagieren (s. Abb. 17).

---

[28] Das Prinzip von LeChatelier: „Wird auf ein im Gleichgewicht befindlichen System durch Änderung der äußeren Bedingungen ein Zwang ausgeübt, so verschiebt sich das Gleichgewicht derart, das es dem Zwang ausweicht, d.h es stellt sich ein neues Gleichgewicht mit vermindertem Zwang ein."

(Vgl.: http://www.seilnacht.com/Lexikon/chemgl.htm)

[29] Vgl.: Abbildungsverzeichnis

Abb.18[27]

Nun bindet sich das Phenyl-Radikal unter Auflösung der C=C Doppelbindung an das Styrol-Molekül, wobei ein weiteres nun mit zwei Benzolringen über eine Kohlenstoffkette verbundenes Radikal entsteht. Dieses Radikal kann sich nun wieder an ein weiteres Styrol-Molekül binden, wodurch weitere, immer länger werdende Styrol-Ketten entstehen:

Abb. 19[30]

Dieses Polymer, bestehend aus aneinander geketteten Styrolen, ist das Polystyrol.

Abbruchreaktion

Die oben beschriebene Kettenreaktion läuft solange ab, bis es keine Edukte mehr gibt, oder bis zwei Radikale aufeinandertreffen. Passiert dies so spricht man von einem Kettenabbruch bzw. einer Abbruchreaktion:

Abb.20[28]

Bei einer Abbruchreaktion treffen zwei Radikale aufeinander, sodass sich die beiden einzelnen Elektronen an den Kohlenstoff-Atomen zu einem Elektronenpaar verbinden, wodurch die Radikale zu langen stabilen Ketten werden, dem Polystyrol(siehe Abb.20).

---

[30] Vgl.: Abbildungsverzeichnis

5.2.4 Das Aufschäumen

Das oben gewonnene Polystyrol ist der Ausgangsstoff für die in der
Wärmedämmung verwendeten Stoffe EPS und XPS. Wie bereits erwähnt erfolgt die
Aufschäumung der beiden Dämmstoffe nach unterschiedlichen Methoden und ist
kein chemischer sondern ein physikalischer Prozess:

5.2.4.1 Aufschäumen von EPS

Beim EPS wird ebenso wie beim Polyurethan Pentan als Treibmittel bei der
Aufschäumung verwendet. Diese findet in 3 Stufen statt: In der ersten Stufe wird das
pulverförmige Polystyrol mit Pentan erhitzt, wodurch das Pentan zu einem Gas wird
und das Polystyrol auf das 40-fache seiner ursprünglichen Größe ausdehnt. Dabei
bleibt nicht wie beim Polyurethan das gesamte Penan in dem Schaum enthalten,
sondern nur rund 2% des verwendeten Pentans. Im zweiten Schritt werden die
entstandenen Schaumstoffperlen wieder abgekühlt, wodurch sich im Inneren der
Perlen ein partielles Vakuum bildet, da sich das Pentan wieder verflüssigt. Im letzten
Schritt werden die Perlen nach einer Ruhezeit von 12-48 Stunden in eine Form
gegeben und dort auf ihre endgültige Größe ausgedehnt. Dies geschieht wieder durch
erhitzen der Perlen. Der Druck der in der Form auf die Perlen angewendet wird
entscheidet dabei über die Dichte des nun aufgeschäumten Polystyrols.

5.2.4.2 Aufschäumen von XPS

Das Aufschäumen von Polystyrol zu XPS erfolgt in einem sogenannten Extruder[31].
Dort wird das Polystyrol aufgeschmolzen und das Treibmittel (CO_2) hinzugegeben.
Das CO_2 lagert sich so in den Zellen des Polystyrol ab und entsteht eine dickflüssige
Schaumstoffmasse, die durch eine Breitschlitzdüse in Form gebracht wird. Die Dicke
der so entstandenen Schaumstoffbahnen lässt sich durch die kalibrierbare Öffnung
der Breitschlitzdüse regulieren, sodass Plattendicken von 20-200mm erreicht werden.
Auf einem Rollband kühen die so entstandenen kontinuierlichen Bahnen ab und

---

[31] „**Extruder** sind Schneckenpressen die nach dem Funktionsprinzip des Fleischwolfes feste bis
dickflüssige Massen unter hohem Druckund hoher Temperatur (je nach Produkt von (10 bis zu 300
(700) bar) und 120 bis 300° C) gleichmäßig aus einer Öffnung herauspressen." (Vgl.: http://www.uni-
protokolle.de/Lexikon/Extruder.html)

werden fest. Danach werden sie durch zurechtschneiden und –sägen in die gewünschten Formen gebracht.

6   Fazit und Blick in die Zukunft

Zu Beginn dieser Facharbeit stand die Frage „Was bedeutet Wärmedämmung durch chemisch hergestellte Stoffe?". Aber auch die Frage, die erst zu der Idee dieser Facharbeit geführt hat „Wie wird Wärmedämmung durch chemisch hergestellte Stoffe erzielt?" ist Bestandteil und Inhalt meiner Ausführungen gewesen. Zuerst zur letzteren Frage: Bei beiden vorgestellten Dämmstoffen aus der Chemie wird die Wärmedämmung durch eine sehr niedrige Dichte bei gleichzeitig hoher Wärmeisolierung erzielt. Sowohl beim Dämmen mit Polyurethan, als auch mit Polystyrol sind ruhende Gase dafür verantwortlich, dass eine Temperaturanpassung zwischen Außen und dem Inneren eines Gebäudes nur erschwert möglich ist. Das Polyurethan scheint durch den etwas besseren Wärmedämmwert dabei die bessere Wahl zu sein. Jedoch muss man aus ökologischer Sicht sagen, dass die Ausstoßung von ca. 5kg CO_2 pro Kilogramm Polyurethan meiner Ansicht nach nur bedingt vertretbar ist. Man kann nicht auf der einen Seite sagen durch gute Wärmedämmung zu Energieeinsparung und damit dem Umweltschutz beitragen zu wollen, wenn man auf der anderen Seite dabei in Kauf nimmt das 5-fache an CO_2 in die Atmosphäre zu emittieren. Da erscheint mir der Einsatz von Polystyrol durchaus, zumindest aus ökologischer Sicht betrachtet, vertretbarer: Es werden kaum Treibhausgase bei der Synthese frei, im Gegenteil: Bei der Herstellung von XPS wird CO_2 sogar eingesetzt, um die Wärmedämmung erst zu erreichen, wobei man natürlich beachten muss, dass auf dem Weg zu dem Polystyrol-Edukt Styrol, dass ja wie beschrieben aus der Erdöl-Raffinerie gewonnen wird, durchaus auch Emissionen anfallen, die an die Umwelt abgegeben werden. Aber gerade durch die lange Lebensdauer der Kunststoffplatten, egal ob PUR oder Polystyrol, sind die Aspekte der Energieeinsparung meiner Meinung nach denen der ökologischen Bedenken überzuordnen. Durch eine angemessene Dämmung von Häusern kann über einen langen Zeitraum weitaus mehr Energie gespart werden, als für die Herstellung der Kunststoffe verwendet wurde und somit auch mehr Emissionen, die durch die Energiegewinnung durch z.B. Kohleabbau, eingespart werden. „Was bedeutet Wärmedämmung durch chemisch hergestellte Stoffe" also? Für den einzelnen Hausbesitzer bedeutet es vor allem eins: Je länger die Wärmedämmstoffe im Einsatz sind, desto mehr Energie spart er ohne weitere Kosten für Sanierung etc. aufbringen zu müssen. Es wird also Jahr für Jahr bares Geld in den Haushalten mit gut gedämmten Wänden gespart. Es ist also jedem, der eventuell den Bau eines neuen Hauses plant oder die Sanierung eines Altbaus im Blick hat zu raten, in fachgerechte Wärmedämmung zu investieren. Die Energiekosten eines gut gedämmten Hauses werden vor allem auf lange, aber auch durchaus auf kurze Sicht stark gesenkt, sodass sich die Investition in diese Wärmedämmung schon nach kurzer Zeit rentiert und jedes Jahr mehr Energie gespart wird.

An dieser Stelle noch ein kleiner Ausblick auf die Zukunft der Wärmedämmung: Bei meinen Recherchen über die vielen Arten der Wärmedämmung bin ich vor allem auf das Dämmen durch Vakuum gestoßen. Dies soll eine bis zu 3-mal bessere Isolierung erreichen und ähnlich wie das Prinzip einer Thermoskanne funktionieren. Ich habe mich auch nicht weitergehend mit diesem Prinzip befasst nur war dort ein λ-Wert von 0,08 genannt. Zur Erinnerung: Bei PUR- und Polystyrol-Hartschaum werden Werte zwischen 0,2 und 0,4 erreicht.

Auf dem Gebiet der Wärmedämmung wird weiterhin viel geforscht und entdeckt werden und ich bin mir sicher, dass es dort, wie in sovielen Bereichen der Technik, in naher Zukunft weiter große Fortschritte geben wird, die zur Verbesserung der Wärmedämmung und dadurch zu Energieeinsparungen führen werden. Die Forschung ist das, was unsere heutige Gesellschaft voran bringt und unseren Lebensstandard verbessert. In der Politik können wie mit den Wärmeschutzverordnungen zwar allgemein gültige Regeln aufgestellt werden. Jedoch die wahren Erfolge und Fortschritte unserer heutigen Gesellschaft werden durch die Entwicklungen in der Wissenschaft erzielt. Auch der Umweltschutz ist eine Aufgabe unserer Gesellschaft. Effizientere Nutzung der uns zur Verfügung stehenden Rohstoffe ist ein wichtiger Aspekt, um dieser Aufgabe so gut es uns heute möglich ist nachzukommen. Dieser Aufgabe widmet sich auch die Chemie. Dazu möchte ich am Schluss ein paar Worte unserer Bundeskanzlerin Angela Merkel einbringen, die diese in einer Rede zum Auftakt des Internationalen Auftaktes zum Jahr der Chemie gewählt hat:

„Ich glaube, dass Chemie heute […] umweltfreundlich und sicher ist. Auf diesem Gebiet wird unheimlich viel für unsere Gesellschaft gemacht. [...]Und wer seine Zeit dieser gesellschaftlichen Aufgabe widmet, der tut etwas Gutes."[32]

Diesen Worten kann ich mich nur anschließen und hoffe, dass sich dieser gesellschaftlichen Aufgabe weiterhin viele Menschen widmen werden, um gerade in Hinblick auf Klimakatastrophen und Erderwärmung Erfolge erzielen zu können. Dazu ist die Wärmedämmung eine Möglichkeit von vielen. Vor allem eine, durch die nicht nur die Umwelt, sondern auch jeder profitiert, der sich die Möglichkeiten der Wärmedämmung zu Nutzen macht.

---

[32] Angela Merkel, Rede anlässlich der deutschen Auftaktveranstaltung
zum Internationalen Jahr der Chemie, 9.2.2011
Vgl.:http://www.bundeskanzlerin.de/nn_700276/Content/DE/Rede/
2011/02/2011-02-09-bkin-jahr-der-chemie.html

7 Literaturverzeichnis:

7.1 *Bücher:*

-Abele, Lothar, Polyurethane, Hanser Verlag, o.O, 1993

-Asselborn, Wolfgang, Chemie heute SII Gesamtband, Schroedel Verlag, Braunschweig 2010
-Gausepohl, Hermann, Polystyrol, Hanser Verlag, o.O, 1996

-Meier-Westhues, Ulrich, Polyurethane, Vincentz Network GmbH & Co KG, o.O, 2007

- Verein Deutscher Ingenieure VDI-Gesellschaft Kunststofftechnik(Hrsg.), Expandierbares Polystyrol EPS, VDI-Verlag, Düsseldorf 1979

-Verein Deutscher Ingenieure VDI-Gesellschaft Kunststofftechnik(Hrsg.), PUR-Technik-heute und morgen Grundlagen und Anwendungen, VDI Verlag, Düsseldorf 1993

-Walter, Wolfgang und Wittko, Francke, Lehrbuch der Organischen Chemie, S.Hirzel Verlag, Stuttgart 2004

7.2 *Internetquellen* (letzter Zugriff bei Prüfung der Quellen am 7.4.2011)

-baunetzwissen.de, Expandiertes Polystyrol (EPS),URL:
http://www.baunetzwissen.de/standardartikel/Daemmstoffe_Expandiertes-Polystyrol-EPS-_152198.html

-baunetzwissen.de, Extrudiertes Polystyrol (XPS),URL:
http://www.baunetzwissen.de/standardartikel/Daemmstoffe_Extrudiertes-Polystyrol-XPS-_152204.html

-baunetzwissen.de, Historische Entwicklung von Dämmstoffen, URL:
http://www.baunetzwissen.de/standardartikel/Daemmstoffe_1.-Historische-Entwicklung-von-Daemmstoffen_152220.html

-baunetzwissen.de, Wärmeschutz im Hochbau, URL:
http://www.baunetzwissen.de/standardartikel/Daemmstoffe_DIN-4108-Waermeschutz-im-Hochbau_152334.html

-Bayer MaterialScience, Herstellung von Polyurethan (PUR)-Hartschaumstoff, URL:
http://www.pur.bayer.com/BMS/PUR-Internet.nsf/files/techins_conind/$file/PU21012_de.pdf

-Bayer, Polyole von Bayer MaterialScience,URL: http://www.pur.bayer.com/bms/pur-internet.nsf/id/03_RAW_DE_Polyole

-Burgemeister, Stefan, Kunststoffe,URL:
http://www.chids.de/dachs/technische_stoffklassen/polymere.html
Experimentalvortrag-Nummer: 671

-Chemgapedia, Glossar: Elektrophil,URL:
http://www.chemgapedia.de/vsengine/popup/vsc/de/glossar/e/el/elektrophil.glos.html
-Chemgapedia, Glossar: Hordenreaktor, URL:
http://www.chemgapedia.de/vsengine/popup/vsc/de/glossar/h/ho/hordenreaktor.glos.html

-ChemicalBook.com, Diphenzoylperoxid,URL:
http://www.chemicalbook.com/ChemicalProductProperty_DE_CB0484149.htm

-Dipl.-Ing. Lars Nierobis, Polystyrol-Hartschaum,URL:
http://www.waermedaemmstoffe.com/htm/polystyrol.htm

-Dipl-Ing. Lars Nierobis, Polyurethan-Hartschaum (PUR), URL:
http://www.waermedaemmstoffe.com/htm/pur.htm

-Dr. Thorsten Rathmnann, Stoßschutzverpackungen aus PS-E,URL:
http://www.chemgapedia.de/vsengine/vlu/vsc/de/ch/9/mac/werkstoff_polystyren/anwendung
en/pse/pse.vlu/Page/vsc/de/ch/9/mac/werkstoff_polystyren/anwendungen/pse/verpackung/pa
ck.vscml.html

-energiesparhaus.at, Dämstoffe Polystyrol (EPS, XPS),URL:
http://www.energiesparhaus.at/gebaeudehuelle/polystyrol.htm

-enius, Polystyroldaemmung,URL: http://www.enius.de/bauen/polystyroldaemmung.html

-Fachvereinigung Polystyrol-Extruderschaumstoff (FVP), XPS. Die Wärmedämmung fürs
Leben, URL: http://service.enev-
online.de/bestellen/fpx_090112_xps_bauherren_broschuere.pdf

-FU Berlin, Polystyrol, URL: http://www.chemie.fu-
berlin.de/chemistry/kunststoffe/polystyrol.htm

-FU-Berlin, Polyaddition,URL:http://www.chemie.fu-
berlin.de/chemistry/kunststoffe/polyadd.htm

-FU-Berlin, Polyurethan,URL: http://www.chemie.fu-
berlin.de/chemistry/kunststoffe/urethan.htm

-FU-Berlin, radikalische Polymerisation,URL: http://www.chemie.fu-
berlin.de/chemistry/kunststoffe/polyradi.htm

-Industrieverband Polyurethan-Hartschaum (IVPU), Ökobilanz von PUR-Hartschaum-
Wärmedämmstoffen, URL: http://www.ivpu.de/pdf/oekobilanz.pdf

-IVPU, Wärmedämmstoffe aus Polyurethan-Hartschaum, URL: http://service.enev-
online.de/bestellen/ivpu_080402_waermedaemstoffe_aus_pur.pdf

-IVPU, Wärmedämmstoffe aus Polyurethan-Hartschaum2,URL:
http://www.uegpu.de/pdf/waermedaemmstoffePUR_PIR.pdf

-Mannheimer-Schulen, Polymerisation, URL: http://www.mannheimer-schulen.de/lilo/2005-
2006/chemie/dat/polymerisation.html

-Phillipps- Universität Marburg, Polymerisation von Styrol,URL:
http://www.chids.de/dachs/praktikumsprotokolle/PP0071Polymerisation_von_Styrol.pdf

-Presse- und Informationsamt der Bundesregierung,URL:
http://www.bundeskanzlerin.de/nn_700276/Content/DE/Rede/2011/02/2011-02-09-bkin-jahr-der-chemie.html

-Prof. Blumes Bildungsserver, Kunststoffe,URL:
http://www.chemieunterricht.de/dc2/haus/k-stoffe.htm

-Prof. Dr. Frank Rößner, Herstellung von Styrol durch katalytische Dehydrierung,URL:
http://www.chemgapedia.de/vsengine/vlu/vsc/de/ch/10/styrol/katalytische_dehydrierung/katalytische_dehydrierung.vlu/Page/vsc/de/ch/10/styrol/katalytische_dehydrierung/adiabatische_dehydrierung/adiabatische_dehydrierung.vscml.html

-Prof. Dr. Frank Rößner, Herstellung von Styrol durch katalytische Dehydrierung,URL:
http://www.chemgapedia.de/vsengine/vlu/vsc/de/ch/10/styrol/styrol_kurz/styrol_kurz.vlu/Page/vsc/de/ch/10/styrol/styrol_kurz/katalytische_dehydrierung/katalytische_dehydrierung.vscml.html

-PUR und PIR: Was ist der Unterschied, IVPU, URL:
http://www.ivpu.de/pdf/Was%20ist%20der%20Unterschied%20zwischen%20PUR%20und%20PIR.pdf,

-Thomas Seilnacht, Chemisches Gleichgewicht, URL:
http://www.seilnacht.com/Lexikon/chemgl.htm

-Thomas Seilnacht, Lexikon der Polymere->Definitionen und Einteilungen, URL:
http://www.seilnacht.com/Lexikon/k_eint.html

-Uni-protokolle.de, Extruder,URL:http://www.uni-protokolle.de/Lexikon/Extruder.html

-Vibraplast, Grunlagen PU-Schaumstoffe, URL:
http://www.abacuscity.ch/abauserimage/pdf/5020_Schaumstoffe.pdf?s=30&name=pdf/5020_Schaumstoffe.pdf

-WECOBIS, Expandierter Polystyrolschaum (EPS),URL:
http://www.wecobis.de/jahia/Jahia/Home/Bauproduktgruppen/Daemmstoffe/aus_synthetischen_Rohstoffen/Expandiertes_Polystyrol

-WECOBIS, Extrudiertes Polystyrol,URL:
http://www.wecobis.de/jahia/Jahia/Home/Bauproduktgruppen/Daemmstoffe/aus_synthetischen_Rohstoffen/Extrudiertes_Polystyrol

-WECOBIS, Polystyrol,URL:
http://www.wecobis.de/jahia/Jahia/Home/Grundstoffe/Kunststoffe_GS/Polystyrol_GS

-WECOBIS, Polyurethan,URL:
http://www.wecobis.de/jahia/Jahia/Home/Grundstoffe/Kunststoffe_GS/Polyurethan_GS

-XPS-Hersteller, XPS und EPS – Das X macht den Unterschied, URL: http://www.xps-waermedaemmung.de/was-ist-xps/unterschied-xps-zu-eps/

7.3 Abbildungsverzeichnis

Abb.1 : http://www.chemie.fu-berlin.de/chemistry/kunststoffe/urethan.htm

Abb.2 : http://jagemann-net.de/chemie/chemie12lk/makromolekuele/files/polyurethan.gif

Abbildungen Reaktionsmechanismus Polyaddition:

> Abb.3-10 : Stefan Burgemeister, Kunsstoffe – Experimentalvortrag,
> Philipps-Universität Marburg (siehe Literaturverzeichnis)

Abb.11: http://www.pur.bayer.com/BMS/PUR-
Internet.nsf/files/techins_conind/$file/PU21012_de.pdf

Abb.12:
http://www.wecobis.de/jahia/Jahia/Home/Grundstoffe/Kunststoffe_GS/Polyurethan_GS

Abb. 13-14: http://www.chemieunterricht.de/dc2/haus/k-stoffe.htm

Abb.15:
http://www.chemgapedia.de/vsengine/vlu/vsc/de/ch/10/styrol/styrol_kurz/styrol_kurz.vlu/Pa
ge/vsc/de/ch/10/styrol/styrol_kurz/katalytische_dehydrierung/katalytische_dehydrierung.vsc
ml.html

Abb.16.: http://www.chemicalbook.com/ChemicalProductProperty_DE_CB0484149.htm

Abbildungen Reaktionsmechanismus radikalische Polymerisation:
Abb.17-20: http://www.chemieunterricht.de/dc2/ch/polymer.htm

Abb. 21 : http://www.ivpu.de/pdf/oekobilanz.pdf